AF321157

MINISTÈRE DES TRAVAUX PUBLICS

BULLETIN DES SERVICES

DE LA

CARTE GÉOLOGIQUE DE LA FRANCE

ET DES

TOPOGRAPHIES SOUTERRAINES

DIXIÈME VOLUME

1898-1899

PARIS

LIBRAIRIE POLYTECHNIQUE, CH. BÉRANGER, ÉDITEUR

Successeur de BAUDRY & Cⁱᵉ

15, RUE DES SAINTS-PÈRES, 15

MÊME MAISON A LIÈGE, 21, RUE DE LA RÉGENCE

1899

Le Bulletin de la Carte Géologique de la France paraît par fascicules contenant chacun un mémoire complet, dont la réunion forme chaque année un beau volume grand in-8° accompagné d'un grand nombre de planches, avec de nombreuses figures intercalées dans le texte.

Prix de l'abonnement ou de l'année parue. . . . . **20 fr.**

Les tomes I à X (Bulletins nos 1 à 69) sont complets. Le tome XI commence avec le bulletin nº 70.

Il a été tiré à part un certain nombre d'exemplaires de chacun des bulletins destinés à être vendus séparément aux prix suivants :

Nº 1. Étude sur le massif cristallin du Mont-Pilat, sur la bordure orientale du Plateau Central, entre Vienne et Saint-Vallier, et sur la prolongation des plis synclinaux houillers de Saint-Étienne et Vienne, par Termier, avec 28 figures et 2 planches . . . . 3 fr. 75

Nº 2. Note sur les terrains d'alluvions des environs de Lyon, par Delafond, avec 1 planche . . . . 1 fr. 25

Nº 3. Note sur l'existence des phénomènes de recouvrement dans les Pyrénées de l'Aude, par L. Carez, avec 1 planche . . . . . 1 fr. 25

Nº 4. Note sur les roches primitives de la feuille de Brive, par L. De Launay, avec 6 figures . . . . 0 fr. 75

Nº 5. Notes stratigraphiques sur le bassin tertiaire de Marseille, par Ch. Depéret, professeur à la Faculté des sciences de Lyon, avec 6 figures . . . . 1 fr. 50

Nº 6. Note sur la géologie des environs d'Annecy, La Roche, Bonneville, et de la région comprise entre Le Buet et Sallanches (Haute-Savoie), par Gustave Maillard, avec 9 planches . . . . 5 fr. 25

Nº 7. Mémoire sur les éruptions diabasiques siluriennes du Menez-Hom (Finistère), par Charles Barrois, avec 23 figures et 1 planche . . . . 3 fr. »

Nº 8. Relations entre les sables de l'Éocène inférieur dans le Nord de la France et dans le bassin de Paris, par J. Gosselet, avec 7 figures . . . . 0 fr. 75

Nº 9. Étude sur les roches cristallines et éruptives des environs du Mont-Blanc, par Michel Lévy, avec 4 planches en photogravure, 1 planche de coupe et des figures . . . . . 2 fr. 50

Nº 10. Note sur la stratigraphie du Plateau Central entre Tulle et Saint-Céré, par Meunier, avec 1 planche de coupes et 1 carte géologique . . . . 2 fr. 75

Nº 11. I. Contribution à l'étude des roches métamorphiques et éruptives de l'Ariège (feuille de Foix). — II. Sur les enclaves acides des roches volcaniques de l'Auvergne, par A. Lacroix, avec 12 figures . . . . 3 fr. »

Nº 12. I. Nouvelle subdivision dans les terrains bressans. — II. Bassin de Blanzy et du Creusot, par Delafond, avec 16 figures . . . . 1 fr. 50

Nº 13. Les éruptions du Velay. I. Roches éruptives de Meyrat. — II. Argiles métamorphosées par le phonolithe à Saint-Pierre-Eynac, par P. Termier, avec 11 figures . . . . . 1 fr. 50

Nº 14. Recherches sur les ondulations des couches tertiaires dans le bassin de Paris, par Gustave F. Dollfus, avec 16 figures et 1 carte . . . . 1 fr. 75

Nº 15. Note sur la formation géologique du Forez et du Beaujolais, par Le Verrier, avec 11 figures et 4 planches . . . . 4 fr. 75

Nº 16. I. Note sur les sables de la vallée d'Apt, par Kilian et F. Leenhardt. — II. Note sur la découverte de l'horizon du Montaiguet à *Helix Hopei* dans le bassin d'Apt, par Depéret et Leenhardt. — III. Note sur le Pliocène et sur la position stratigraphique des couches à Congéries de Théziers (Gard), par Depéret, avec 16 figures et 1 planche . . . . . 1 fr. 75

Nº 17. Note sur la structure des Corbières, par Emm. de Margerie, avec 5 figures et 1 planche . . . . 2 fr. 50

Nº 18. I. Note sur la continuation de la chaîne de Sainte-Baume, II, III, IV et V. Notes sur quelques points de la feuille de Castellane, par Ph. Zürcher, avec 22 figures et 4 planches . . . . 3 fr. 25

Nº 19. Contribution à l'étude des terrains tertiaires du Sud-Ouest de la France, par Vasseur, avec 10 figures . . . . 0 fr. 75

Nº 20. Étude sur la constitution géologique du Massif de la Vanoise, par Termier, avec 58 figures, une carte géologique et 9 planches . . . . 10 fr. »

Nº 21. Les chaînes subalpines entre Gap et Digne. Contribution à l'histoire géologique des Alpes françaises, par Émile Haug, avec figures, une carte géologique et 3 planches . . . . . 10 fr. »

MINISTÈRE DES TRAVAUX PUBLICS

BULLETIN DES SERVICES

DE LA

CARTE GÉOLOGIQUE DE LA FRANCE

ET DES

TOPOGRAPHIES SOUTERRAINES

DIXIÈME VOLUME

1898-1899

PARIS

LIBRAIRIE POLYTECHNIQUE, CH. BÉRANGER, ÉDITEUR

Successeur de BAUDRY & Cⁱᵉ

15, RUE DES SAINTS-PÈRES, 15

MÊME MAISON A LIÈGE, 21, RUE DE LA RÉGENCE

1899

TABLE DES MATIÈRES DU TOME X

[1] La pagination du volume se trouve au bas des pages.

LE MASSIF DU HAUT-GIFFRE

INTRODUCTION

Le massif du Haut-Giffre est l'un des plus sauvages des Alpes; il offre une suite de sommets dont l'ascension présente de sérieuses difficultés, malgré leur altitude relativement faible (de 2500 à 3200 mètres).

Ce massif est bordé au nord-est par les cimes des Tours-Salières et de la Dent du Midi, qui en font presque partie. Au sud-ouest, il est limité par le grand plateau, fortement accidenté, du Désert de Platé.

L'on sait que les montagnes de la Dent du Midi et des Tours-Salières sont formées par un vaste pli couché, bien connu depuis les belles coupes qu'en ont données MM. E. Favre et H. Schardt.

Le massif de Platé domine la vallée de l'Arve et fait face au Mont-Joly que j'ai montré formé par l'empilement de plusieurs plis couchés, dont les deux supérieurs constituent justement le soubassement du massif de Platé.

Mais un problème restait à résoudre : c'était le raccord des deux plis qui forment le soubassement sud-ouest du massif de Platé avec le grand pli unique des Tours-Salières et de la Dent du Midi.

M. le Directeur de la carte géologique a bien voulu me charger de ce travail ; c'est à cette recherche que j'ai consacré ma campagne de courses de l'été dernier et c'est elle qui fait l'objet de ce bulletin.

§ 1ᵉʳ. — TRAVAUX ANTÉRIEURS.

La région que j'ai parcourue a été l'objet de travaux très importants de la part d'Alph. Favre, de Maillard et de M. Haug, qui ont donné un grand nombre de renseignements sur la géologie des montagnes qui forment le massif du Haut-Giffre ; je ne saurais mieux faire, par conséquent, que d'indiquer rapidement les mémoires que ces savants ont publiés.

Alphonse Favre a consacré une partie du tome II de son grand ouvrage intitulé : *Recherches géologiques dans les parties de la Savoie du Piémont et de la Suisse qui avoisinent le Mont-Blanc* au massif du Haut-Giffre. Le chapitre xix est consacré au massif des Fiz, pages 225-259 ; le chapitre xx aux Avondruz et à la Dent du Midi, pages 260-296 et enfin dans le chapitre xxi, massifs du Brévent et des Aiguilles-Rouges, les pages 324-350 se rapportent aux sommités du Buet et du Tanneverge. Les planches XIII et XIV de l'Atlas accompagnent les parties du texte que je viens de citer. L'ouvrage d'Alphonse Favre parut en 1869, mais ce n'est que ces toutes dernières années que parurent les deux mémoires de Maillard et celui de M. Haug. Je vais résumer très rapidement ces travaux en indiquant les parties pour lesquelles j'ai reconnu l'exactitude des données émises par ces deux savants et celles qui ont demandé d'être étudiées à nouveau.

Maillard a décrit plusieurs parties de la région qui nous occupe, et parfois avec un grand détail dans deux bulletins de la *Carte géologique*. Dans le premier (Bull. n° 6, § 5, pages 27 à 30), il étudie le massif du Désert de Platé et je n'ai rien à ajouter à l'excellente description qu'il en a donnée. Au § 6, pages 30 à 33, il s'occupe des montagnes du Crion et des Avondruz qu'il décrit avec une clarté et une exactitude remarquables. Mais la seconde partie de ce même paragraphe est consacrée au Buet ; je ne suis plus alors d'accord avec Maillard qui s'est trompé sur les horizons du lias et du jurassique inférieur. Ceux-ci sont identiques aux faciès des mêmes niveaux dans le massif du Mont-Joly ; j'ai étudié ces différents faciès dans un bulletin précédent[1] ; je n'en parlerai donc point ici. J'ai dû reprendre l'étude de toute cette région du Buet, d'autant plus que M. Haug ne s'en est presque pas occupé. Dans le bulletin de la *Carte géologique* n° 22 et qui contient les derniers travaux de Maillard, nous trouvons encore de nombreux renseignements. Le chapitre iii, pages 11 à 35, y est tout entier consacré. (Voir aussi les figures dans le texte et la planche.)

Maillard y étudie d'abord le massif crétacé situé au nord du Giffre, c'est-à-dire les montagnes des Avondruz[2], — où l'on a deux niveaux de gault superposés et séparés par une puissante couche d'aptien — de Bostan, de Foilly, ainsi que le raccord des Dents-Blanches et de la Dent du Midi.

---

[1] Étienne Ritter *La bordure sud-ouest du Mont-Blanc (Bull. Serv. carte géol., n° 68, p. 97 et suiv.).*

[2] Sur la carte d'état-major, ce nom est écrit *Avaudrues.*

Je n'aurai rien à changer et peu de chose à ajouter à ce que Maillard a
publié sur cette région crétacée. La seconde partie du même chapitre est
consacrée à l'étude du vallon de Sales et du cirque des Fiz. Au vallon
de Sales, Maillard indique la superposition de deux couches de gault,
superposition qu'il cherche à expliquer, comme à la montagne des Avoudruz, par une faille oblique. Nous verrons qu'il paraît plus rationnel d'y
voir les traces des deux jambages d'un pli couché. La troisième partie
du chapitre traite de la région jurassique, qui comprend les montagnes
du Tanneverge, du Grenairon et du Buet ; c'est ici que j'aurai le plus
d'adjonctions et de rectifications à faire. Enfin la quatrième partie,
consacrée au plateau d'Anterne et à la chaîne des Fiz, m'a paru excellente.

Après la mort de Maillard, M. Haug fut chargé de reprendre l'étude des
hautes chaînes calcaires de Savoie ; il a publié le résultat de ses recherches dans le bulletin n° 47 du service de la carte géologique. Dans la
seconde partie de ce mémoire de M. Haug, consacrée à la description
tectonique, le premier chapitre est affecté au « massif de la Dent du
Midi et du Haut-Giffre ». Le § 1ᵉʳ, pages 32 à 36, reproduit avec
légèrement plus de détails les études de M. H. Schardt sur la Dent
du Midi. Le § 2, pages 37 et 38, sur le « cirque du Fer-à-Cheval », et le
§ 3, pages 39 et 40, sur le « massif crétacé au nord du Giffre », reprennent
les notions données par Maillard et y ajoutent quelques détails. Enfin le
§ 4, pages 41 et 42, étudie la faille du vallon des Fonds dont je mon-
trerai la non existence et donnent des renseignements sur ce vallon.

Comme on le voit, d'excellentes notes ont paru sur le massif du Haut-
Giffre, mais sans en donner toutefois une explication tectonique d'ensemble. C'est cette tâche que je me suis efforcé de remplir dans le présent
bulletin. Enfin au nord-est de ce massif du Haut-Giffre se trouve le
massif des Tours-Salières et de la Dent du Midi dont MM. E. Favre et
H. Schardt ont donné une description succincte, mais remarquable (*Matériaux de la carte géologique suisse*, 22ᵉ livraison, pages 554-597 et
Atlas, planches XIV, XV et XVIII). Ces savants ont montré que ces montagnes étaient formées par un anticlinal couché, unique, reposant sur un
synclinal de flysch et de crétacé et formé par des replis dans les terrains
jurassiques aux Tours-Salières et dans les couches crétacées à la Dent du
Midi.

§ 2. — APERÇU GÉOGRAPHIQUE.

Dans une contrée où les plis qui ont formé les montagnes sont non
plus droits, mais couchés, la manière dont l'érosion a découpé la surface

primitive du terrain prend une importance plus grande encore qu'ailleurs.
Car ce n'est qu'au fond des vallées profondes et sur leurs flancs que l'on
peut apercevoir les traces de phénomènes tectoniques qui ne se mani-
festent plus à la surface du plateau, comme on peut l'observer au Désert

Fig. 1. — Carte schématique des plis dans le massif du Haut-Giffre.

de Platé par exemple. D'autre part, l'angle sous lequel la vallée coupe
l'axe des plis dénature d'autant plus l'allure et la forme des charnières
anticlinales et synclinales de ceux-ci, que l'obliquité de la vallée par
rapport à l'axe du pli est plus grande.

J'ai montré[1] que le versant droit de la vallée de l'Arve, quoique légè-

[1] Etienne Ritter, *loc. cit.*, p. 193 et suiv.

rement oblique à la direction générale des plis couchés qui forment le soubassement du massif de Platé, l'était assez peu pour laisser voir nettement l'allure des couches s'emboîtant les unes dans les autres en formant deux anticlinaux superposés. Le même phénomène géologique de deux plis couchés superposés se reproduit dans le massif du Haut-Giffre. Mais là, les vallées sont mal orientées ; elles ne permettent pas de voir aussi clairement ce même phénomène et la forte inclinaison au sud-ouest des axes de tous les plis qui subissent un fort abaissement à leur passage sous le massif de Platé vient encore compliquer la structure de ces montagnes. Dans le massif du Haut-Giffre l'on peut reconnaître :

I. Une vallée, grossièrement parallèle à celle de l'Arve, qui va du col d'Anterne par le torrent des Fonds à Sixt et par la vallée du Giffre à Samoëns. Elle est dans son ensemble vaguement perpendiculaire aux axes des plis couchés et montre une coupe analogue à celle que présente la rive droite de l'Arve ; cette coupe est visible sur la rive gauche de cette vallée, dans le soubassement du massif de Platé, entre le col d'Anterne et Sixt. Mais l'abaissement latéral des axes des plis et le manque de profondeur de la vallée ne permet de reconnaître sur ce versant que le plus supérieur des deux plis couchés. Pour retrouver les traces du pli inférieur il faut remonter aux cirques des Fonds et du Fer-à-Cheval, où l'on observe alors ce pli inférieur dans les couches du jurassique, ou suivre la rive droite du Giffre de Sixt à Samoëns, où alors on aperçoit sa trace dans les couches crétacées, notamment au vallon de Clévieux, sur le flanc des Avondruz et à la colline de Chantemerle.

II. Le cirque des Fonds, qui présente des parois parallèles et d'autres perpendiculaires aux axes des plis couchés.

III. La vallée du Giffre et le cirque du Fer-à-Cheval qui présente la même allure que la découpure précédente.

IV. La vallée du col de la Golèse et du col de Coux, communiquant dans la vallée de Champéry, au fronton de la nappe des plis couchés et parallèle aux axes de ceux-ci.

C'est en étudiant les versants de ces découpures, ainsi que les vallées de Pierre à Bérard, d'Émosson et de Barberine, sur le versant opposé de la crête qui court du Buet au col de Coux que nous pourrons reconnaître l'allure des deux anticlinaux couchés et raccorder leurs diverses charnières entre elles.

CHAPITRE PREMIER

Le pli couché supérieur dans le soubassement du massif de Platé (versant oriental).

§ 1ᵉʳ. — INTRODUCTION.

Dans un bulletin précédent, j'ai montré que le versant droit de la vallée de l'Arve, qui constitue le soubassement du Désert de Platé, était formé par deux plis couchés superposés. Ces deux plis sont formés par des couches de terrains qui s'emboîtent les unes dans les autres et qui sont de plus en plus jeunes à mesure que l'on s'avance vers l'aval de la vallée.

Fig. 2. — Coupe du synclinal de Pormenaz au sommet des Fiz. Légende des terrains. $Z^2\gamma^1$ schistes cristallins. h^1, houiller ; t_{n-m}, quartzites du trias ; t_0^2, cargneules. L^{6-1}, lias inf. L^{1-5}, lias sup. schisteux. J_{eo}-J_{eu}, bajocien et dogger. J^{2-1}, callovo-oxfordien. J^{3-12}, malm. C_{n-o}, berrias et valanginien. C_V, hauterivien. C_{n-m}, urgonien. C^{5-4}, gault. C^{4-3}, sénonien. e^3, calc. nummulitique. $n_1 e^3$, flysch.

En aval, ces plis vont, en se redressant légèrement, s'appuyer contre l'anticlinal droit du Rocher de Cluses.

Sur le versant oriental de ce même massif de Platé, nous trouvons la suite exacte du même phénomène, qu'on peut observer le long du torrent des Fonds entre le col d'Anterne et Sixt et, plus en aval, dans la vallée du Giffre, entre Sixt et Samoëns. Mais ces plis ne montrent plus alors que leur partie couchée ; leur racine droite qu'on devrait retrouver sur le flanc des Aiguilles-Rouges a été décapée jusqu'au dessous du niveau du houiller et le manque d'un horizon de terrain sédimentaire ne permet plus d'établir avec assurance les traces de plis anticlinaux et synclinaux, au milieu des schistes cristallins, uniformément redressés déjà par une poussée antérieure à celle qui a édifié la chaîne alpine et les plis couchés qui nous occupent, par la poussée hercynienne.

Cependant, mon collègue et ami, M. Et. Joukousky, a trouvé au dessus du lac de Pormenaz une racine synclinale, qui montre le lias inférieur calcaire au cœur du pli avec flancs de trias et de houiller. Je suis tenté d'y voir la racine synclinale qui sépare les racines droites de deux anticlinaux, couchés, en avant et au nord, dans le soubassement de la chaîne des Fiz. S'il se prolongeait, ce synclinal se passerait sur le flanc nord des Aiguilles-Rouges jusque vers Pierre à Bérard.

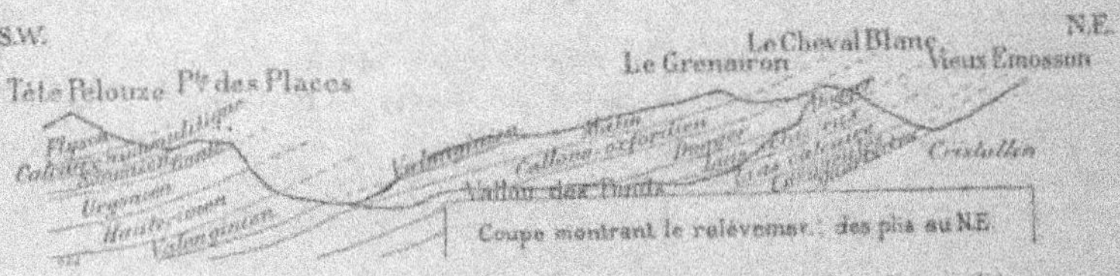

Fig. 3. — Schéma montrant l'inclinaison au S.W. des axes des plis couchés.

Les traces des parties couchées des deux plis ne suivent d'ailleurs nullement une ligne de niveau ; au contraire, *l'ensemble des plis plonge fortement au nord-ouest sous le massif de la Brèche du Chablais, d'une part, et d'autre part, au sud-ouest sous le massif de Platé, si bien que ce n'est plus que le plus supérieur des deux plis couchés que l'on voit sur le flanc de ce massif ; l'autre est resté en profondeur.* Ce même mouvement de relèvement très brusque au nord-est fait que le pli inférieur, qui, pour les couches crétacées, est au niveau du cours du Giffre entre Sixt et Samoëns, atteint et dépasse 2000 mètres à l'arête des Dents-Blanches et à la Dent du Midi, tandis que le pli supérieur qui, sur ce sommet, atteindrait entre 3000 et 4000 mètres d'altitude a été complètement enlevé par l'érosion. Au sommet même de la Dent du Midi, l'on voit seulement l'amorce du synclinal couché qui séparait le pli inférieur, encore visible actuellement du pli supérieur qui a totalement disparu.

Cette allure générale de la nappe des plis couchés nous permettra de bien comprendre certaines coupes, qui, sans cela, paraîtraient quelque peu étranges. Enfin si l'on cherche à les raccorder avec les plis empilés au Mont-Joly le pli supérieur correspondrait au pli n° VI et le pli inférieur au pli IV-V des anticlinaux de cette montagne.

§ 2. — Les environs du col d'Anterne.

Quoique ne se rendant pas compte de l'ensemble du phénomène, Maillard avait déjà été amené à séparer les plis d'après les terrains qui y affleurent principalement, en une région jurassique comprenant le Mont-Buet et ses annexes et une région crétacée avec le massif des Avoudruz comme point culminant.

Cette division en deux régions, jurassique et crétacée, l'une située sur la rive gauche et l'autre sur la rive droite du Haut-Giffre, provient de l'allure même des plis couchés dont la partie postérieure, formée de terrains plus anciens, se trouve près des racines droites des plis, représentées virtuellement par la chaîne des Aiguilles-Rouges, tandis que la partie antérieure, formée par les couches plus récentes du crétacé et du tertiaire est située en avant et va disparaître contre et sous le massif de la Brèche du Chablais, le long d'une ligne passant par Samoëns, le col de Coux et le vallon de Champéry.

Nous allons donc étudier la partie postérieure des plis couchés, sur les deux versants du col d'Anterne. — Dans un mémoire précédent[1], j'ai montré que les racines droites des deux plis couchés le long des versants de la vallée de l'Arve étaient représentées par les deux anticlinaux du Prarion et que ceux-ci subissant un décrochement, déjà indiqué par M. A. Michel Lévy, et un mouvement de torsion allaient disparaître sous le grand éboulis d'Ayer, qui masque tout. C'est en remontant le long de cet éboulis, depuis Servoz au col d'Anterne, qu'on voit réapparaître les traces des deux anticlinaux couchés, dans leur partie déjà couchée. Ceux-ci sont érodés tangentiellement à leurs charnières par le torrent du Suet.

Mais dans ce parcours, il est très difficile de bien délimiter les traces de ces deux plis, qui affleurent sous forme de longues bandes superposées et formées par les schistes du lias supérieur que séparent mal les schistes à miches du bajocien. La bande supérieure de bajocien passe insensiblement au dogger qui forme le premier abrupt dans le soubassement de la paroi des Fiz ; au-dessus, cette grande muraille des Fiz montre la série normale et complète jusqu'au flysch de tous les terrains qui affleurent dans la région.

Ce n'est qu'en approchant des chalets de Villy que l'on voit le lias inférieur calcaire encore conservé au cœur des deux anticlinaux couchés dont la trace devient alors facile à suivre ; enfin sur le versant méridional du Buet on voit le trias et même le houiller conservés au cœur des plis dont la partie couchée existe ainsi encore toute entière.

Quant à la racine droite, elle n'est plus reconnaissable avec certitude, si ce n'est dans le synclinal très restreint du lac de Pormenaz, que j'ai déjà signalé.

Par suite de l'inclinaison des axes des plis sous le Désert de Platé, leurs

----

[1] Étienne Ritter. *Bull. carte géol. de France*, n° 60, p. 193 et suiv.

traces ne se voient pas sur tout le grand plateau du lac d'Anterne; ce n'est que sur le flanc occidental du Buet et dans la profonde échancrure qui va du col de Léchaud aux Fonds que l'on peut les observer. Mais elles y sont alors très nettes et la présence de charnières bien visibles permet un raccord sans ambiguïté.

L'on voit les deux anticlinaux formés par le lias inférieur calcaire, avec trias au centre sur le flanc du Buet, qui se continuent par le lias schisteux entouré par les abrupts du dogger sur le versant gauche du torrent de Léchaud, c'est-à-dire sur le flanc du plateau d'Anterne; dans le haut de la montée du col de Léchaud on observe même le trias sous forme de quartzites, couleur chamois, qui pénètre en coin au cœur de la boucle anticlinale de lias schisteux, tandis que le lias inférieur a momentanément disparu par laminage.

C'est du versant méridional du Mont-Grenairon que ces phénomènes s'observent bien.

On voit particulièrement bien les charnières du pli couché supérieur, qui se font dans le lias au haut du col de Léchaud, puis dans le dogger sur le flanc du plateau d'Anterne; dans l'oxfordien enfin au passage même du chemin du col entre les chalets de Grasse et le point indiqué sur la carte comme le « bas du col ». Mais ce qu'il y a de plus remarquable, c'est qu'on *voit ces schistes oxfordiens, repliés en charnière anticlinale, pénétrer au cœur de l'anticlinal couché de malm des Faucilles du Chantet*. Cette boucle anticlinale des Faucilles du Chantet, déjà reconnue par Maillard et M. Haug, appartient au plus supérieur des deux plis couchés; *elle correspond donc à la boucle anticlinale supérieure de la cascade d'Arpenaz*; la boucle anticlinale inférieure ne se voit pas ici, le long du torrent des Fonds; elle reste en profondeur, tandis qu'on aperçoit encore la boucle synclinale qui sépare les deux anticlinaux couchés, boucle synclinale qui correspond à celle du vallon des Arcets sur le versant droit de la vallée de l'Arve.

Le pli couché inférieur ne se montre guère que sur le versant du Buet et disparaît en profondeur sous le col d'Anterne par suite de l'inclinaison des axes des plis au sud-ouest. Nous l'étudierons plus tard en parlant du Buet et du Mont-Grenairon. Cette inclinaison des plis fait que la plus grande partie du plateau du col est dans l'oxfordien à l'est et le malm à l'ouest, sans qu'on y voie la trace des replis anticlinaux qui ne se montrent que sur les versants abrupts. Au dessus du col, la Chaîne des Fiz montre toujours une muraille avec les couches superposées en repos normal. En aval l'oxfordien, puis le malm et ensuite les diverses couches crétacées participent successivement aux plis couchés; il se reproduit exactement le même phénomène que sur le versant droit de la vallée de l'Arve.

Lorsque l'on monte de Sixt aux chalets des Fonds, ces divers plis se voient moins nettement que du Mont-Grenairon, parce qu'on est trop bas et qu'on manque du recul voulu pour saisir l'ensemble du phénomène. Cependant l'on peut facilement observer l'emboîtement successif des diverses couches du crétacé. C'est ce dont nous allons nous occuper maintenant.

§3. — L'ANTICLINAL SUPÉRIEUR DANS LES COUCHES CRÉTACÉES, ENTRE LES FAUCILLES DU CHANTET ET SIXT.

En effet, ces diverses couches du crétacé s'emboîtent les unes dans les autres d'une manière nette et qu'on peut facilement observer en suivant le chemin de Sixt à Salvagny et aux chalets des Fonds; mais, comme la vallée est fortement oblique à la perpendiculaire aux charnières des plis, celles-ci ont pris une allure assez bizarre, d'autant plus que les deux vallées de Sales et du lac de Gers, découpées à peu près parallèlement aux axes des plis, viennent encore interrompre la continuité des couches.

Néanmoins l'on reconnaît parfaitement que les couches valanginiennes viennent recouvrir la double boucle anticlinale et synclinale des Faucilles du Chantet, sur le flanc de la Pointe-des-Places (voir fig. 4). La boucle qui suit

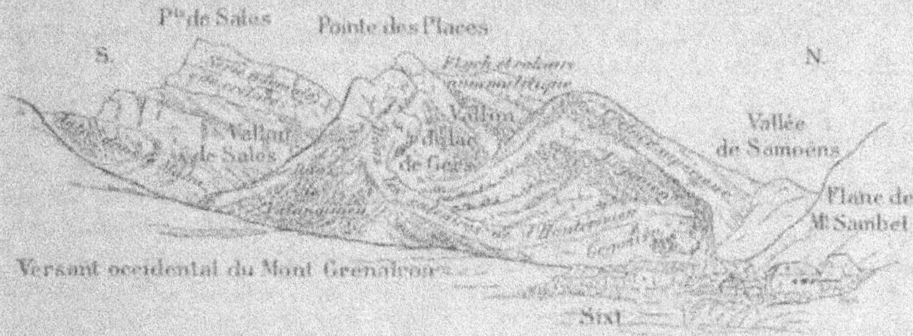

Fig. 4. — Le pli supérieur dans les couches crétacées. Vue prise depuis Sixt.

et qui se fait dans les calcaires hauteriviens est beaucoup mieux marquée; elle s'avance même extrêmement loin au milieu de la boucle anticlinale urgonienne puisqu'elle atteint le versant gauche de la vallée de Sixt à Samoëns, où alors l'on voit, vis-à-vis du hameau de Balme, l'urgonien, l'hauterivien et l'urgonien qui forment trois falaises superposées. Un peu plus loin, en aval, la boucle urgonienne n'est plus ouverte; elle s'est fermée et la falaise de calcaires hauteriviens n'apparaît plus.

Au dessous de cette boucle anticlinale qui représente le pli couché supérieur, l'on trouve pour chaque terrain une boucle synclinale inférieure, à concavité tournée vers l'aval de la vallée. Cette boucle synclinale qui pour le malm et le valanginien se fait un peu en aval des Faucilles du Chantet, au passage de la pittoresque cascade du Rouget, remonte très haut au nord-est sur le flanc et même sur l'arête du Mont-Grenairon, toujours par suite de la forte inclinaison au sud-ouest des axes des plis.

Pour l'hauterivien, l'urgonien et les couches supérieures, c'est le jambage normal de ce synclinal inférieur qui va former le versant sud du Mont-Criou appelé aussi la Pointe-des-Rousses, 2577 mètres. C'est ce jambage normal du synclinal inférieur qui formera le flanc renversé du second pli couché que nous étudierons plus loin, de l'anticlinal couché inférieur.

Nous avons dit qu'en face du hameau de Balme l'on voit la charnière urgonienne du pli couché supérieur; depuis là l'on voit encore les charnières du gault du sénonien, du calcaire nummulitique et du flysch qui se font dans la paroi qui domine Notre-Dame des Grâces et les Millières. Mais les charnières sont coupées d'une manière très oblique par la vallée et ne sont plus aussi manifestes.

Toutefois, lorsqu'on remonte la vallée du lac de Gers, l'on observe dans la chaîne des Grands-Vents sous le sommet coté 1892 mètres et sous le pic coté 2032 mètres des traces nettes de charnières anticlinales dans les couches du flysch; celles-ci traversent alors l'arête et vont sur les bords du lac Vernant emboîter une charnière anticlinale de calcaire nummulitique. Nous avons montré[1] que celle-ci était la boucle anticlinale dans le nummulitique du pli du vallon de la Colonnaz, c'est-à-dire du pli anticlinal supérieur du versant droit de la vallée de l'Arve, au cœur duquel pénètre le pli supérieur de malm de la cascade d'Arpenaz. *Ainsi que l'on prenne le raccord de ce pli, par la partie postérieure, sur les deux versants du col d'Anterne, ou par la partie antérieure, le long des vallons de la Colonnaz et du lac de Gers, l'on arrive à la même solution qui raccorde le pli couché supérieur du versant droit de la vallée de l'Arve avec le pli couché du versant oriental du massif de Platé et qui, ainsi, ne semble plus devoir faire de doute.* C'est en étudiant les cirques des Fonds et du Fer-à-Cheval ainsi que le massif des Avoudruz que nous verrons comment se comporte le pli couché inférieur.

Résumé. — Les deux plis couchés qui forment le soubassement du Désert de Platé sur le versant droit de la vallée de l'Arve et qui disparaissent en amont sous l'éboulis d'Ayer se retrouvent de l'autre côté de cet éboulis, à la montée du col d'Anterne, et sur le versant méridional du Mont-Buet, où ils sont marqués par les divers étages du lias, par les quartzites du trias et par le houiller. Le long du plateau d'Anterne et du torrent des Fonds qui forment le soubassement oriental du massif de Platé, l'on voit le pli supérieur des deux plis couchés formé par des couches qui s'emboîtent les unes dans les autres et qui sont de plus en plus jeunes à mesure que l'on avance vers l'aval de la vallée.

L'on voit encore l'amorce du synclinal qui sépare le pli couché supérieur du pli inférieur, lequel reste caché en profondeur. Par suite de l'inclinaison au sud-ouest des axes des plis couchés, ce pli inférieur réapparaît un peu plus à l'est dans les cirques des Fonds et du Fer-à-Cheval.

1. Etienne Ritter. *Bull.*, n° 60, p. 205.

CHAPITRE II

Le pli couché inférieur au Mont-Buet, au Grenairon et aux Avoudruz.

§ 1er. — Introduction.

Dans le chapitre précédent nous avons vu que le plus supérieur des deux plis couchés affleurait seul sur le flanc oriental du massif de Platé. Ce pli supérieur disparaît d'ailleurs très rapidement au nord-est, car l'on perd sa trace entre Mont-Buet et le Cheval-Blanc, pour les boucles anticlinales dans le jurassique inférieur et l'érosion a même fortement raboté le synclinal couché qui le sépare du pli couché inférieur. En avant du Buet, on voit sur le Mont-Grenairon, la coucle de malm qui prolonge à l'est celle des Faucilles du Chantet et qui repose sur un synclinal de berrias et de valenginien.

Ce pli atteint l'arête sous le sommet même de la montagne et disparaît totalement enlevé par l'érosion entre ce point et la frontière franco-suisse.

Les plis dans les couches plus récentes se devaient faire sur l'emplacement de la vallée actuelle du Haut-Giffre, entre le cirque du Fer-à-Cheval et Sixt. Il n'en reste plus de trace et l'on voit simplement sur le versant droit de cette vallée, sur le flanc des Avoudruz, l'extrémité du jambage normal du synclinal qui séparait les deux plis couchés.

Ainsi donc nous allons étudier le pli couché inférieur, qui se manifeste dans les couches du jurassique inférieur au Mont-Buet, dans celles du jurassique supérieur sur les bords du cirque du Fer-à-Cheval et enfin dans les couches crétacées et tertiaires au mont des Avoudruz et jusqu'au col de Coux.

En outre, dans le fond du cirque du Fer-à-Cheval nous verrons réapparaître un troisième pli couché, inférieur aux deux autres et qui correspond peut-être au pli (II-III) des plis empilés au Mont-Joly; c'est peut-être également la tête crétacée de ce même anticlinal qui forme la voûte de Bostan au dessus du col de Coux.

13

§ 2. — Le Mont-Buet et le cirque des Fonds.

J'ai dit, qu'en avançant depuis l'éboulis d'Ayer vers le Buet, l'on voyait les traces des deux anticlinaux couchés qui se marquaient dans des terrains de plus en plus anciens. Aussi, une coupe faite depuis Pierre à Bérard au sommet de la montagne montre-t-elle :

Le cristallin des Aiguilles-Rouges.

Le houiller, les quartzites du trias, le lias inférieur calcaire mal développé, le lias supérieur schisteux. (Ces couches représentent la couverture sédimentaire en repos normal.)

Le lias calcaire, les quartzites du trias très laminées et qui ont pris une teinte « chamois », le houiller sous forme de grès laminés, les quartzites du trias, le lias calcaire mal développé. (Ces couches représentent la trace de l'anticlinal couché inférieur, celui qui correspond au pli [IV-V] du Mont-Joly.)

Le lias schisteux, très développé, et dont l'horizon de lias calcaire est difficile à séparer, forme le synclinal intermédiaire entre les deux anticlinaux couchés.

Le lias calcaire, les quartzites du trias, le lias calcaire, forment la trace du pli couché supérieur qui correspond à l'anticlinal [VI] du Mont-Joly. Au dessus le lias schisteux monte jusqu'au sommet de la montagne.

Comme ces deux anticlinaux sont localement accidentés de replis secondaires, il arrive que l'on rencontre parfois plus de deux niveaux superposés de quartzites du trias ; mais ce fait n'est dû qu'à des replis sans importance, d'un des deux grands plis couchés que nous étudions.

Par suite de la direction de l'axe des plis, oblique à celle de la crête principale de la montagne, et par suite surtout de l'inclinaison très forte des plis au sud-ouest, inclinaison dont j'ai déjà parlé, les charnières anticlinales de lias calcaire avec quartzites du trias, au cœur du pli, se voient bien sur le versant sud-ouest de la montagne et mieux encore sur le versant nord-est.

Au contraire, dès que l'on arrive dans le soubassement du plateau d'Anterne, on ne rencontre plus que des charnières de lias supérieur schisteux encadrées par les abrupts du dogger. Aussi, en montant le col du Léchaud, voit-on cette disposition qui paraît bizarre au premier abord : sur sa gauche (flanc du Buet) l'on observe un pli anticlinal qui est marqué par un abrupt de lias inférieur calcaire, tandis que sur l'autre paroi (flanc du plateau d'Anterne), le même pli se manifeste dans les couches plus récentes du lias supérieur schisteux, qui donne des pentes plus douces, tandis qu'alors les synclinaux sont marqués par des abrupts de dogger.

Durant cette montée du col de Léchaud, et mieux encore à celle du col d'Anterne, l'on voit en face de soi le passage des anticlinaux dans des couches de plus en plus récentes depuis le Buet vers le Mont-Grenairon ; dans la partie la plus reculée du cirque des Fonds, l'on aperçoit le lias schisteux entourant le pli anticlinal inférieur de lias calcaire et un peu plus loin le Mont-Grenairon donne à son extrémité orientale la coupe suivante, de bas en haut.

Le lias calcaire, couverture sédimentaire, qui affleure dans le bas du pâturage des Fonds..

Le lias schisteux.

Le dogger.

Le lias schisteux, qui va finir en pointe entre les deux abrupts de dogger, réunis alors en une barre unique, laquelle s'abaisse et disparaît en profondeur du côté des Faucilles du Chantet. Comme barre unique, la bande de dogger forme alors un abrupt entre deux replats oxfordiens.

Le dogger.

L'oxfordien, qui se prolonge à l'est et va former un grand replat du côté du Cheval-Blanc.

Le malm.

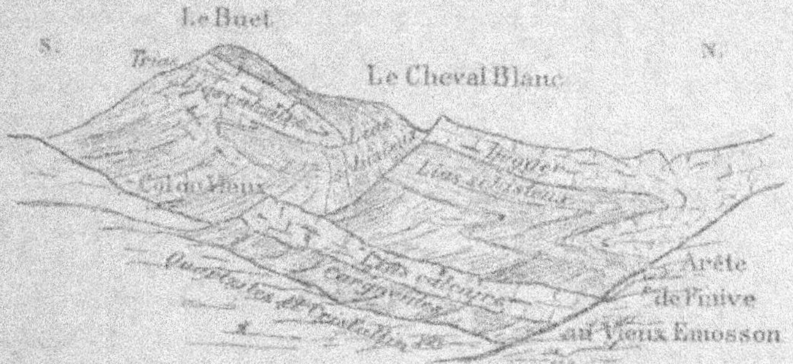

Fig. 3. — Montrant le pli couché inférieur au Buet et au Cheval-Blanc; croquis pris de l'arête de Finive, au dessus du glacier de ce nom.

Ici déjà, c'est-à-dire le long de l'arête du Buet au Cheval-Blanc, le pli anticlinal supérieur a disparu enlevé par l'érosion, tandis que le pli inférieur est marqué par le lias schisteux et le dogger sur le versant méridional du Grenairon. Nous le retrouverons marqué par le dogger et l'oxfordien sur l'autre versant de cette montagne et dans le cirque du Fer-à-Cheval.

De l'autre côté du cirque des Fonds, c'est en Suisse, dans le sauvage vallon du Vieux-Emosson, que nous allons retrouver la trace du pli couché inférieur

Par rapport à la direction générale des axes des plis, le Mont-Buet est situé, en plan, en arrière de la montée de Servoz au col d'Anterne d'une part, et en arrière des vallons d'Emosson et de Barberine d'autre part, comme le montre bien la carte schématique des plis, figure 1.

Il s'ensuit, qu'entre le col du Vieux et celui de Barberine, nous ne verrons plus apparaître ni houiller, ni trias au cœur des anticlinaux, et que les plis auront leurs traces dans des couches de plus en plus jeunes de terrain jurassique. C'est depuis l'arête qui va de Finive à la gorge du Vieux et qui domine le glacier de cette montagne que l'on voit nettement le raccord de l'anticlinal du Mont-Buet avec sa continuation dont la charnière est marquée très bien sur le versant du Cheval-Blanc qui domine le Vieux-Emosson, comme le montre la figure 5.

Au Mont-Buet, la boucle anticlinale replie sur elles-mêmes les couches du lias inférieur calcaire ; sur le flanc du Cheval-Blanc, la charnière est marquée dans le lias supérieur schisteux, le lias calcaire, qui serait en arrière, ayant été enlevé par l'érosion. En avançant vers Finive l'érosion continue à prendre en biseau la partie postérieure du pli qui, au dessus du glacier de Finive, n'est plus marqué que par des replis dans le dogger comme le montre le croquis (fig. 8) pris depuis le col de la Gueulaz.

Fig. 6. — Croquis pris depuis le col de la Gueulaz et montrant le pli couché dans le dogger à la pointe de Finive.

Sur tout le parcours de la vallée du Vieux-Emosson et jusqu'au delà de Barberine, l'on trouve, au dessus du cristallin formé par des gneiss très largement cristallisés, les quartzites du trias, les cargneules ou les calcaires dolomitiques, le lias inférieur calcaire, le lias supérieur schisteux, le dogger, qui forment la couverture sédimentaire sur laquelle repose le pli anticlinal couché inférieur, qui est désormais le seul des deux que l'érosion ait laissé subsister.

Plus au nord-est, vers les Tours-Salières ce synclinal s'ouvre jusqu'au flysch d'après les belles coupes que MM. E. Favre et H. Schardt ont donné de cette montagne. En même temps, entre Pointe-Finive et le mont de Tanneverge, l'on voit la trace de l'anticlinal couché se marquer dans des couches de plus en plus récentes, dans l'oxfordien, puis le malm comme on peut déjà le reconnaître d'après les coupes de MM. Favre, Schardt et de M. Haug.

Il faut d'ailleurs remarquer que la trace du contact du cristallin et des terrains sédimentaires, ainsi que celle de l'anticlinal couché, sont loin de suivre une ligne de niveau; au contraire, elles descendent très bas au vallon d'Emosson pour remonter de plusieurs cents mètres sous le glacier de Finive et redescendre d'autant au bas du col de Barberine.

J'ai montré comment la partie postérieure du pli anticlinal couché pouvait être suivie depuis le Mont-Buet aux Tours-Salières; je ne la suivrai pas plus loin et je ne saurais mieux faire que de renvoyer le lecteur aux beaux mémoires de MM. Favre, Schardt[1] et Renevier, qui ont étudié, depuis longtemps plus au nord-est, aux Tours-Salières, à la Dent du Midi et à la Dent de Morcles le prolongement du phénomène tectonique dont nous venons de nous occuper et dont nous allons maintenant étudier l'allure dans le cirque du Fer-à-Cheval et aux Avoudruz.

§ 3. — LE CIRQUE DU FER-A-CHEVAL ET LES AVOUDRUZ.

Le jambage normal du synclinal qui sépare le pli inférieur du pli supérieur se montre dans des terrains de plus en plus anciens à mesure que l'on s'avance en amont depuis Sixt jusqu'au cirque du Fer-à-Cheval; ce fait provient toujours de l'inclinaison générale des axes des plis sous le massif de Platé. Enfin dans le pourtour du cirque du Fer-à-Cheval l'on voit ce jambage normal représenté par les schistes oxfordiens, tandis qu'au dessous les couches du dogger et du lias sont repliées en un anticlinal encore inférieur aux deux que nous avons vus jusqu'ici et dont nous étudions en ce moment le plus profond des deux.

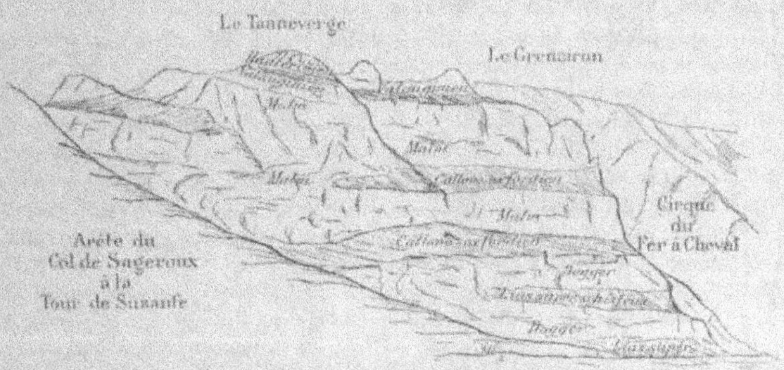

Fig. 7. — Le pic de Tanneverge vu depuis le col de Sageroux.

D'ailleurs par suite de la raideur des pentes et de l'analogie de faciès des trois terrains qui le forment, ce pli est difficile à étudier dans son détail; son existence est manifestée par des replis bien visibles dans les couches du lias sur le flanc inférieur du Mont Tanneverge, tandis que l'extrémité du pli va s'enfoncer en profondeur en formant une charnière très visible dans

[1] E. Favre et H. Schardt. *Matériaux pour la carte géologique suisse*, t. XXII, p. 554 et suiv., pl. XIV-XV et XVIII. E. Haug. *Bull. carte géol. de France*, n° 47, pl. II.

l'abrupt de dogger situé au dessous des chalets de Borée ; il m'a paru également que sur ce versant droit de la vallée, l'abrupt de dogger s'ouvrait momentanément en une pente douce qui représente, je pense, la tête de la charnière anticlinale de lias supérieur schisteux. C'est probablement la tête de ce pli dans les couches crétacées et tertiaires qui reapparaît à la voûte de Bostan et qui correspond au pli de la grotte de la Balme, dans la vallée de l'Arve.

Ce pli, qui représenterait l'équivalent du pli (II-III), des plis empilés au Mont-Joly, en admettant un raccord lointain et par suite hypothétique, ce pli est séparé du pli inférieur que nous avons étudié au Mont-Buet et au Cheval-Blanc, par une charnière synclinale, qui, tout autour de la boutonnière du Fer-à-Cheval, est formée par un repli dans les schistes oxfordiens.

Sur le versant du col de Tanneverge et du Cheval-Blanc, la trace de ce pli anticlinal (IV-V du Mont-Joy) se fait dans le dogger qui montre une barre abrupte surmontée, également, par une pente douce de schistes oxfordiens.

Plus à l'est sur le flanc du Tanneverge, l'on voit la trace de ce pli, qui cesse d'apparaître dans le dogger, tandis que les deux synclinaux, inférieur et supérieur, s'ouvrent jusqu'au malm. Le pli anticlinal est alors représenté entre deux abrupts de malm, par un replat d'oxfordien qui va disparaître au cœur d'une charnière anticlinale de malm, au nord-est sur le flanc du Mont-Ruan. Cette charnière, bien visible sur le versant du col du Sageroux qui domine le vallon de la Vogelle, l'est également sur l'autre versant de cette vallée, dans la paroi qui descend du sommet de Pointe-Sambet et des Avoudruz sur le pittoresque lac de la Vogelle.

D'ailleurs, l'on voit très nettement dans le cirque de ce lac, cette boucle anticlinale de malm, se continuer dans les marnes du valanginien et avec les couches de l'hauterivien et l'urgonien aller former, en se relevant fortement, la boucle anticlinale couchée de la chaîne des Dents-Blanches, qu'on sait, depuis longtemps, être la continuation du pli couché de la Dent du Midi.

Comme on le voit, que l'on prenne le raccord en arrière pour les couches jurassiques, ou en avant pour les couches crétacées, l'on arrive au même résultat, *qui fait correspondre le pli inférieur du versant droit de la vallée de l'Arse avec celui des Tours-Salières et de la Dent du Midi.* — Au dessus de ce pli anticlinal couché, l'on trouve au sommet de la Dent du Midi, comme au sommet du Tanneverge et le long de plusieurs arêtes voisines, l'amorce plus ou moins bien marquée du synclinal qui le séparait autrefois du pli couché supérieur.

Ce pli des Dents-Blanches se continue du côté de Samoëns par l'anticlinal du vallon de Clévieux, comme Maillard et M. Haug l'ont déjà montré. Le pli de Bostan moins important s'arrête et disparaît sous le flysch déjà à mi-chemin de la descente du col de Coux sur Samoëns ; quant au synclinal inférieur tertiaire, encore peu développé sous le pli anticlinal couché de Bostan, il prend de plus en plus d'importance et de développement à mesure que l'on s'avance au nord-est, du côté de la Dent du Midi.

Il est très probable que le pli de Bostan est l'anticlinal inférieur de la Dent du Midi, tandis que les Dents-Blanches se continuent dans l'anticlinal supé-

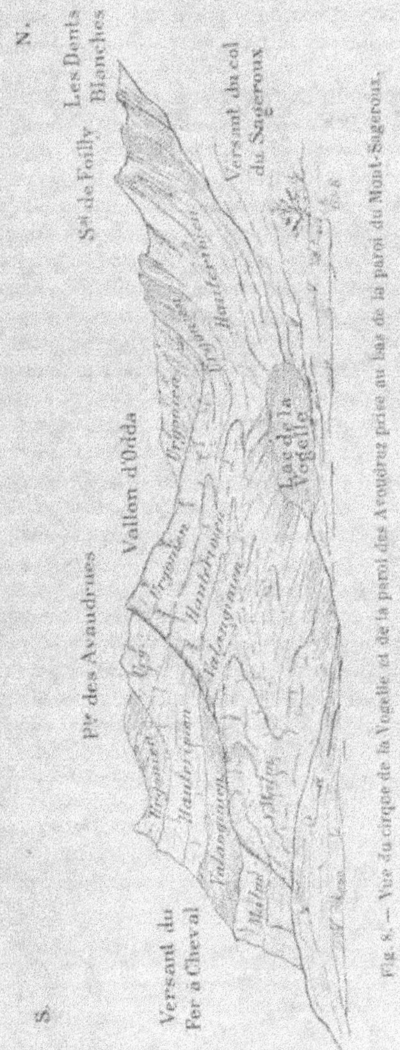

Fig. 8. — Vue du cirque de la Vogelle et de la paroi des Avoudrez prise au bas de la paroi du Mont-Sageroux,

rieur de cette montagne. Je tiens à remercier ici M. Schardt qui m'a indiqué cette relation.

Il résulte de ce fait que les deux anticlinaux des Deuts-Blanches et de Bostan étalés dans la figure 2 de la planche I sont très réduits dans le profil pris plus à l'est (fig. 1, pl. II).

A la descente du col de Coux dans le val d'Illiers on rencontre deux anticlinaux inférieurs à ceux que je viens de décrire. Le premier est l'anticlinal de la Barme-Sauflaz qui me paraît devoir représenter la continuation probable de l'anticlinal droit du Rocher de Cluses; mais à la Barme, l'anticlinal n'est plus droit, il est déjeté au nord-ouest comme l'a constaté M. H. Schardt. Le pli de Champéry représenterait donc l'équivalent d'un des plis anticlinaux des hautes Alpes calcaires de Savoie, extérieurs à celui du Rocher de Cluses-chaîne des Vergys. Mais c'est là un raccord lointain et par suite hypothétique.

Enfin l'accident oblique de la faille du sommet des Rousses (Mont-Criou) m'a paru exactement conforme à la description que Maillard en a donnée [1]; je ne crois pas qu'elle fasse partie du phénomène des plis couchés qu'elle complique simplement. Quant aux deux couches de gault, aux Avondruz et au vallon de Sales, je crois qu'il faut y voir un repli secondaire, bien naturel dans un ensemble de plissements aussi grandioses que ceux que je viens de décrire. Maillard, non prévenu, admettait au vallon de Sales une faille oblique, ce qui se rapproche étrangement d'un pli faille secondaire.

Résumé. — Au dessous du pli couché supérieur qui s'observe le long du soubassement oriental du massif de Platé, existe un second anticlinal couché qu'on voit au Mont-Buet au cirque des Fonds et dans le massif des Avondruz. C'est ce pli couché qui correspond au plus profond des deux plis du versant droit de la vallée de l'Arve et c'est lui qui va former le grand anticlinal complexe des Tours-Salières et de la Dent du Midi. Au dessus de cet anticlinal, on trouve encore l'amorce du synclinal qui le séparait du pli anticlinal couché supérieur, lequel a alors disparu enlevé par l'érosion.

Dans le bas du cirque du Fer-à-Cheval l'on voit les traces dans le lias et le dogger d'un troisième pli couché, inférieur aux deux autres, et dont c'est peut-être la tête qui, en avant des Dents-Blanches, va former la voûte renversée du signal de Bostan.

[1] Maillard. Bulletin carte géologique en France. N° 6, page 32.

CHAPITRE III

Conclusions.

En avant de la chaîne du Mont-Blanc, la montagne du Prarion, avec sa prolongation au sud, au col Joly et dans la chaîne d'Otray d'une part et la chaîne des Aiguilles-Rouges d'autre part forment les racines droites de grands plis couchés et déversés en avant, au nord-ouest.

Ceux-ci, du côté de Flumet et de l'extrémité nord de la chaîne de Belledonne, ont été complètement enlevés par l'érosion, qui a atteint leur soubassement cristallin. En se rapprochant de la vallée de l'Arve, on les voit apparaître les uns après les autres au Mont-Joly, où l'on a l'empilement successif de six plis superposés, qui, par jonction double de deux d'entre eux, se réduisent à quatre en avant sur le versant de la chaîne des Aravis.

Le plus profond d'entre ces plis (pli I) disparaît par laminage avant d'atteindre la vallée de l'Arve. Le suivant (pli II-III) disparaît dans le bas du versant droit de la vallée de l'Arve, pour reparaître momentanément dans le fond du cirque du Fer-à-Cheval. Le pli supérieur (IV-V), bien visible sur le flanc occidental du massif du Platé, ne reparaît au jour qu'au delà de l'autre versant de ce même massif. C'est ce pli qui est le plus important et le plus continu de tous et c'est lui qui va constituer le grand pli couché des Tours-Salières et de la Dent du Midi et probablement aussi celui de la Dent de Morcles de l'autre côté de la vallée du Rhône. Enfin le pli le plus supérieur (VI) très manifeste sur les deux versants du massif de Platé, disparaît, plus loin au nord-est, enlevé par l'érosion. A partir de Samoëns, le synclinal inférieur au pli (IV-V) prend un très grand développement dans la direction de la Dent du Midi.

Néanmoins l'extension horizontale de la nappe des plis couchés, en y ajoutant, bien entendu, la partie enlevée par l'érosion, paraît rester sensiblement la même sur toute l'étendue de la région étudiée entre la vallée de l'Isère et celle du Rhône.

En avant de tout cet ensemble de nappes déversées les unes sur les autres, le premier anticlinal droit est formé par la chaîne des Vergys, du Bargy et du Rocher de Cluses. Celui-ci disparaît en profondeur, sous une couverture de flysch, à la traversée de la vallée du Giffre à la hauteur de Samoëns et au passage du col de Coux, pour réapparaître peut-être dans l'anticlinal droit de la Barme, au haut du vallon de Champéry.

Dans ce cas, tandis que les massifs des Annes et de Sulens se trouvent en arrière de ce premier anticlinal droit, le massif de la Brèche du Chablais se trouve en avant, pendant qu'alors les plis couchés chevauchent au dessus comme c'est le cas pour la Dent du Midi au dessus de l'anticlinal de la Barme.

Les axes de tous les plis couchés subissent un fort abaissement au passage du massif de Platé, pour aller se relever ensuite au sud-ouest au Mont-Joly comme au nord-est, à la Dent du Midi.

Enfin tous les terrains de la région participent à ce phénomène de plis couchés, depuis le cristallin jusqu'au flysch. Les différentes couches forment une série de boucles concentriques, qui s'emboîtent les unes dans les autres et qui sont formées par des couches de plus en plus jeunes à mesure que l'on s'avance vers l'extérieur de la chaîne des Alpes.

Enfin tous ces plis piquent une tête en même temps qu'ils se couchent en avant. Ce phénomène que j'ai indiqué pour les plis de la chaîne des Aravis et qui vient d'être signalé par MM. Marcel Bertrand et Golliez dans les plis de l'Oberland Bernois est si net ici, que la pente suivant laquelle les couches s'enfoncent en profondeur en avant entre le Buet et Samoëns dépasse trente pour cent.

TABLE DES MATIÈRES

TABLE DES FIGURES

EXPLICATION DES PLANCHES

Sur la planche III, qui représente la carte géologique de la région étudiée, j'ai marqué l'emplacement des coupes.

En allant du coin S.-W. au coin N.-E. de la carte, les deux premières lignes représentent les traces de la partie supérieure et de la partie inférieure du premier profil de la planche I (coupe montrant les deux plis couchés sur le versant oriental du massif de Platé).

Pour plus de simplicité, je n'ai pas marqué les atterrissements quaternaires, situés entre Salvagny et le hameau de Balme et qui ne présentent pas d'intérêt dans l'étude de la tectonique de la région.

La troisième ligne est la trace du second profil de la planche I (coupe montrant les deux plis couchés entre le massif de Platé et la Dent du Midi).

Cette coupe montre sous la Pointe Sambey un repli dans le malm, avec cœur oxfordien. Sur la carte, je n'ai pas marqué la bande oxfordienne, peu étendue en surface. Comme les pentes sont très abruptes, deux parois de malm, quoique épaisses et séparées par un léger replat oxfordien, ne font, en plan, sur la carte qu'une bande assez mince, tandis qu'elles reprennent toute leur importance dans la coupe. J'ai pensé qu'il valait mieux ne pas rendre la carte moins lisible en superposant des bandes de terrains trop minces pour qu'on puisse y rien dessiner de net, tout en me réservant de donner ici l'explication de ce manque apparent de concordance de la coupe et de la carte, manque de concordance qui n'existe pas en réalité, puisqu'avec une carte à plus grande échelle, j'aurais marqué une traînée discontinue d'oxfordien au cœur du malm.

Sur la carte, les deux traces suivantes de l'emplacement des coupes se rapportent au profil 1 de la planche II (coupe montrant les deux plis couchés à la limite des massifs du Haut-Giffre et de la Dent du Midi).

Dans ce profil, pour les mêmes raisons de manque de place, je n'ai également pas marqué sur la carte la bande d'hauterivien C_6 qui se trouve au dessous du sommet du Tanneverge et qui forme le cœur d'un synclinal sur le profil, non plus que des lambeaux peu importants du même terrain qui affleurent sur l'arête du Sageroux et que je me suis contenté de marquer sur le profil.

Enfin, la coupe de la Dent du Midi reproduite d'après celle qu'en ont donné MM. E. Favre et H. Schardt aurait sa trace en dehors de la carte jointe à ce mémoire. On y trouve un terrain, l'infra-lias l, que je n'ai pas pu distinguer dans le massif du Haut-Giffre, tandis que le valanginien C_5 et l'hauterivien C_6 y ont été réunis par MM. E. Favre et H. Schardt en un seul horizon néocomien C_{5-6}.

Les traces des différentes coupes ne sont pas droites, mais suivent des lignes plus ou moins en zigzag. J'ai pensé préférable d'agir ainsi, afin de faire passer les profils par les parties de la région les plus instructives et les plus caractéristiques.